U0200923

中国文化知识读本

Zhongguo Wenhua
Zhishi Duben

古代纺织

主编 金开诚

编著 黄二丽

吉林出版集团有限责任公司

吉林文史出版社

图书在版编目（CIP）数据

古代纺织 / 黄二丽编著. －－ 长春：
吉林出版集团有限责任公司：吉林文史出版社，2009.12 （2023.4重印）
（中国文化知识读本）
ISBN 978-7-5463-1268-2

Ⅰ．①古… Ⅱ．①黄… Ⅲ．①纺织工业－经济史－中
国－古代 Ⅳ．①TS1－092

中国版本图书馆CIP数据核字(2009)第222973号

古代纺织

GUDAI FANGZHI

主编/ 金开诚 编著/黄二丽
项目负责/崔博华 责任编辑/曹 恒 崔博华
责任校对/袁一鸣 装帧设计/曹 恒
出版发行/吉林出版集团有限责任公司 吉林文史出版社
地址/长春市福祉大路5788号 邮编/130000
印刷/天津市天玺印务有限公司
版次/2009年12月第1版 印次/2023年4月第5次印刷
开本/660mm×915mm 1/16
印张/8 字数/30千
书号/ISBN 978-7-5463-1268-2
定价/34.80元

前 言

　　文化是一种社会现象，是人类物质文明和精神文明有机融合的产物；同时又是一种历史现象，是社会的历史沉积。当今世界，随着经济全球化进程的加快，人们也越来越重视本民族的文化。我们只有加强对本民族文化的继承和创新，才能更好地弘扬民族精神，增强民族凝聚力。历史经验告诉我们，任何一个民族要想屹立于世界民族之林，必须具有自尊、自信、自强的民族意识。文化是维系一个民族生存和发展的强大动力。一个民族的存在依赖文化，文化的解体就是一个民族的消亡。

　　随着我国综合国力的日益强大，广大民众对重塑民族自尊心和自豪感的愿望日益迫切。作为民族大家庭中的一员，将源远流长、博大精深的中国文化继承并传播给广大群众，特别是青年一代，是我们出版人义不容辞的责任。

　　本套丛书是由吉林文史出版社和吉林出版集团有限责任公司组织国内知名专家学者编写的一套旨在传播中华五千年优秀传统文化，提高全民文化修养的大型知识读本。该书在深入挖掘和整理中华优秀传统文化成果的同时，结合社会发展，注入了时代精神。书中优美生动的文字、简明通俗的语言、图文并茂的形式，把中国文化中的物态文化、制度文化、行为文化、精神文化等知识要点全面展示给读者。点点滴滴的文化知识仿佛颗颗繁星，组成了灿烂辉煌的中国文化的天穹。

　　希望本书能为弘扬中华五千年优秀传统文化、增强各民族团结、构建社会主义和谐社会尽一份绵薄之力，也坚信我们的中华民族一定能够早日实现伟大复兴！

目录

一、古代纺织的发展概述

大河村先民们使用的石铲（左），砺石（右）

（一）原始社会时期的纺织起源

我国纺织业起源于距今五千年以前的新石器时代仰韶时期，这一时期人们已经知道用纺轮捻线，用竹、苇编织席子，用骨针缝制衣服。当时纺织的原料一是麻，二是葛，妇女们用它们来捻成细线，织成布匹。后来传说到了黄帝时期开始推广育蚕技术，丝织业开始发展。到了殷商时期，丝织业分布区域就渐渐扩大了。其实古代史籍中有很多关于丝织业起源的传说，这些记载为探讨丝织业的起源提供了丰富的线索。近年来丝织业考古活动的兴盛则提供了大量直接证据。同时，通过对考古资料与古代传说地深入研究，我们已经可以初步断定我国丝织业的起源是有很多中心的。在黄河中游地区，考古学家在苗城西王村发现"蛹"形陶器，在山西夏县西阴村发现半个蚕茧，再加上黄帝妻子嫘祖养蚕的传说，可以认定黄河中游在很久以前就已有了蚕桑丝织生产。同样在黄河下游地区，也有关于丝织品起源的传说，同时在河南荥阳青台村还发现有距今五千多年的丝织品。在长江下游地区，早在距今七千年以前，河姆渡人就利用野蚕茧进行原始的手工捻纺编织，经过两千多年的发展，到钱山漾文化时，该地区的先民们已能用家蚕茧缫丝织出技术

大河村遗址出土的文物纺轮

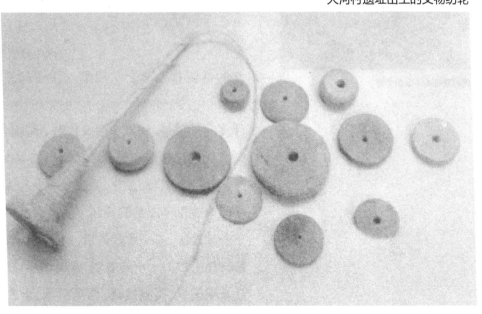

河姆渡遗址出土的文物

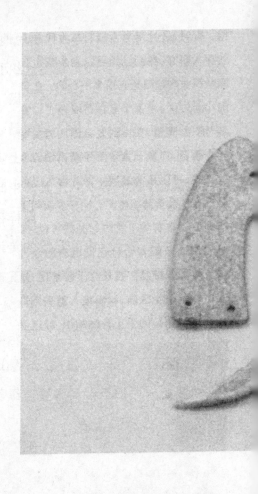

水平很高的丝织物。总之，我国丝织业起源于距今五千年以前的长江下游及黄河中下游等地区。丝织业起源后，由于受到石器时代生产力水平的限制，发展缓慢，而且水平很低，直到殷商、西周时期，生产技术较前代有了很大的进步。《诗经》中，也有许多关于生产丝织品的具体描写。甲骨文中多次出现"丝""桑""帛""蚕"等字以及大量的有关

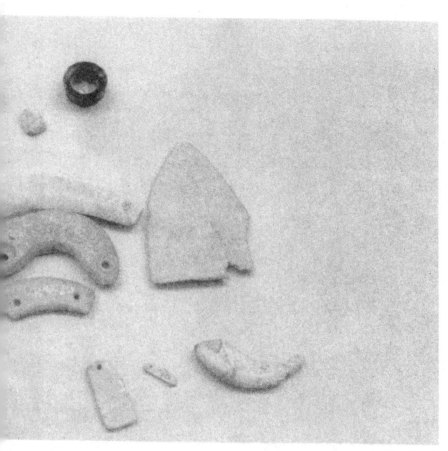

大河村先民们佩戴的装饰品

桑蚕的卜辞，因此，结合近年来有关丝织业的考古发现，我们可以勾画出当时丝织业分布的大体趋势。此外，据史料记载早在七千年前河姆渡人的时候，我国就已经有了比较完备的原始纺织工具，利用蚕茧的秘密很可能已被人们掌握，据此推断"当时不仅有了强捻富有弹性轻盈的络纱'靓'一类的织物，而且还可能出现平纹组织的纱罗"。

河姆渡遗址

总之，我国纺织业在经历原始社会的漫长发展时期后，人们的衣着进化到了用五彩的锦帛做衣裳，而且注意到了衣服的纹路、样式、质地。纺织品的多样复杂，代表了这一历史时期的纺织工艺的成就，也表明了社会经济繁荣的真实面貌。

河姆渡遗址公园正门

（二）奴隶社会时期的纺织

在奴隶社会中，奴隶越来越多地投入到生产领域，是社会经济迅速发展的首要条件。奴隶被用于农业生产，更是农业进一步发展的决定因素，随着农业的发展，手工业也更加发达起来。当然和其他手工业一样，丝、麻纺织工业相当发达。以产品种类来看，那时的丝、麻纺织手工业中已有了固定的内部分工，出现了专业的作坊。较细的分工和高超的制作技术制作出了多种多样的精美纺织品。

蚕桑丝织业在我国有着十分悠久的历史，在先秦时期已经有了一定的发展，不仅是人们致富的一个途径，也是富国强兵的重要依据。各个时期的统治者无不重视发展农桑，奖励耕织。商代奴隶主贵族强迫奴隶进行大规模的集体耕作，奴隶们的劳动发展了农业，当时的农产品种类很多，作为农业的副业——桑麻，也大量发展起来。随着生产技术水平的提高，商代蚕桑也发展起来，缫丝、纺织、缝纫都很繁忙。丝织品和麻织品比起来，丝织品光泽、细密、鲜美、柔滑。在阶级社会中为奴隶主所喜爱，因此纺织工业被奴隶主所垄断，奴隶主穿丝帛，奴隶们穿用的都是麻布。周代是我国奴隶制繁盛的时期，经济比商代有了更大的发展。具有传统性能的简单机械缫车、纺车、织机等相继出现，还形成了纺织中心。根据历史记载，我国最早出

河姆渡人的劳作雕像

古代纺织
008

土布织机

现的纺织中心，可以追溯到两千五百年前左右，即春秋时期，以临淄为中心的齐鲁地区。当时另有一纺织中心是以陈留、襄邑为中心的平原地区。陈留、襄邑出的美锦，与齐鲁地区的罗纨绮缟齐名，也是当时的名产。直到汉末三国时期，还很兴盛。我国古代劳动人民用自己的智慧和双手，创造了纺织工艺的高度成就。使我国远在公元前六七世纪时，即我国的春秋时期，就已经成为世界闻名的

马王堆一号汉墓出土的针织品

"丝绸之国"了。

（三）封建社会时期的纺织

战国时期是我国封建社会的形成时期。从春秋末年到战国中期的二百年间，封建土地所有制逐步确立。地主阶级为了争取庶民在经济和政治上的支持，不得不稍微改善了平民的地位，劳动者地位的提高是奴隶制过渡到封建制的根本原因，也是当时社会生产力迅速提高的根本原因。在这些背景下，战国时期纺织手工业在生产技术方面迅速提高。首先就表现在纺织工业部门的扩大、产品的多样、生产的增长和技术的提高上。根据文献和近些年来考古发掘的文物来看，纺织手工业在当时已有了辉煌的成就。不仅在北方比较发达，而且在南方也占有重要的地位，在工艺上达到了很高的水平。纺织手工业产品多而精，成为贵族们的普遍穿着，丝织物在贵族宫廷里已成为不甚爱惜之物。根据麻葛丝帛的遗留，我们还可以推断当时的纺织工艺已经十分发达。蚕丝缕细而弱，缫丝要用缫车，络丝要用络车，织帛要用轻轴，这些复杂的工具，都是随着丝缕的需要、丝织物的发展而发展的。战国时代的纺织工艺是我国古代纺织历史上灿烂的一页，在我国历

古代棉锦

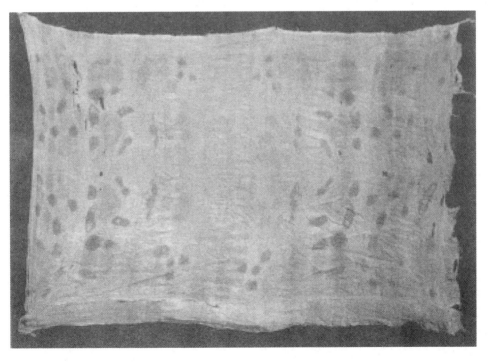

史和文化遗产上占有重要的地位。战国时期
劳动人民在纺织技术和纺织工艺上的创造性，
为我国纺织工艺取得了辉煌的成就。

（四）秦汉时期的纺织业

"秦时明月汉时关"，我国秦汉时代总是
令后人有许多的追念。如果没有蚕桑手工纺
织业的发展及其在诸多生产领域的应用，秦
汉帝国雄厚的经济力量将是不可思议的。汉
代的纺织业仍然是以麻、丝物为主。在江南
地区考古中发现多处有丝、麻纺织物。事实
上我国古代蚕茧的缲丝技术，源远流长。到
了汉代，缲丝技术已经相当完善。江苏铜山
洪楼、江苏沛县留城镇等地所出的纺织图，

纺车

都画有完整的络丝车图形。汉代画像石中的《纺织图》所反映的缫丝技术几乎也是这样。到了两汉时期，黄河流域丝织业重心得到进一步发展和巩固，并且影响深远。这一时期，由于黄河流域丝织业重心的形成，不仅使丝织业生产技术传播到周边少数民族地区，而且长江流域丝织业也得到发展。长江中下游地区的丝织生产技术发展后又向南传到南部沿海等地区，促进了这些地区纺织工业的发展。同时汉代的纺织业具有产品丰富、制作精良等特点，襄邑的丝织业进一步发展，锦的生产无论从产量、质量，还是品种花色上，都在很大程度上超过了前代。《范子计然》书

纺织土布

黄道婆墓纪念馆

新疆出土的唐代绞缬四瓣花罗

记载："锦，大丈出陈留"。襄邑汉时属于陈留郡。可见襄邑在汉代家庭丝织手工业已经相当发达，达到了无妇不织锦的程度。因此左思就称赞道"锦绣襄邑"。

西汉时中央政府在全国设两处服官，一在襄邑，一在临淄。襄邑服官雇佣大批工匠，造珍贵丝织衣物，供公卿大臣使用，又专门制作衮龙文绣等礼服，供皇室使用，也就是说襄邑的丝织衣物不是普通人能够使用的。在汉代，一担米平均价格在百钱左右，而当时一匹高级的襄邑锦价值两万钱，可见襄邑锦的珍贵程度。汉代纺织物非常精美，现在可见的汉代纺织品以湖北江陵秦汉墓和湖南长沙马王堆汉墓出土的丝麻纺织品数量最多，品种花色最为齐全，有对鸟花卉纹绮、仅重四十九克的素纱单衣、隐花孔雀纹锦、耳环形菱纹花罗、绒圈锦和凸花锦等高级提花丝织品。还有第一次发现的泥金银印花纱和印花敷彩纱等珍贵的印花丝织品。沿丝绸之路出土的汉代织物更是绚丽灿烂。1959 年新疆民丰尼雅遗址东汉墓出土有隶体"万事如意"锦袍和袜子及"延年益寿大宜子孙"锦手套以及地毯和毛罗等名贵品种。在这里首次发现了平纹棉织品及蜡染印花棉布。织物品种如此复杂，得益于织物的工具和工艺的先进。

出土文物丝制衣

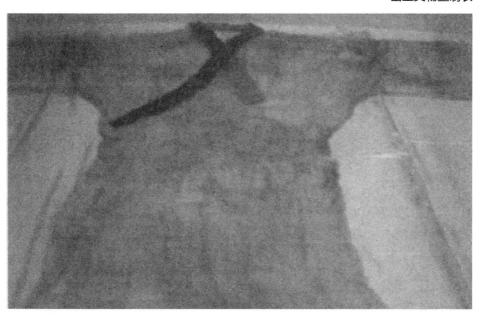

如广泛地使用了提花机、织花机。

（五）三国两晋南北朝时期的纺织

魏晋南北朝时期丝织品仍然是以经锦为主，花纹则以禽兽纹为特色。1959年新疆和高昌国吐鲁番墓群中出土有方格兽纹锦、夔纹锦、树纹锦以及禽兽纹锦等等。三国时期的丝绸服饰状况如何，我们可从现存的诗文中窥见一斑。秦汉以后，长江流域进一步被开发，三国时吴国孙权对蚕桑相当支持和重视，孙权曾颁布"禁止蚕织时以役事扰民"的诏令。可知吴国桑蚕生产已经具有相当的规模。据传，孙权曾派人到日本传授缝纫技术和吴地衣织，日本的"和服"就是由此而

纺纱机和经车

手工织品

织成的，故又称"吴服"。这时，吴地丝绸通过海上"丝绸之路"远销罗马等地。与此同时，江南的刺绣织锦技术也已日趋完善。又据说孙权怕热，吴夫人亲自用头发剖为细丝，用胶粘接起来，以发丝为罗纱，裁剪成帷幔。帐用后，从里往外一看，像烟雾在轻轻飘动，非常凉爽，时人称为"丝绝"。可知，苏绣早在三国时就成为当时一绝，也难怪苏绣今天这么有名。这些都足以说明当时丝织品蓬勃发展的状况。但与魏、吴相比，蜀地的织锦业更为发达，古蜀地有着悠久的蚕桑丝绸纺织历史。到三国时，刘备在蜀地立都，诸葛

蓑衣

亮率兵征服苗地时，曾到过大小铜仁江，那时流行瘟疫，男女老少身上相继长满痘疤，诸葛亮知道后派人送去大量丝绸给病人做衣服被褥，以防痘疤破裂后感染，使许多人恢复了健康，蜀军也因此赢得了苗族人民的心，而且诸葛亮还亲自送给当地人民织锦的纹样，并向苗民传授织锦技术，鼓励当地百姓缥丝织锦，栽桑养蚕。苗民在吸收蜀锦优点的基础上，织成五彩绒锦，后人为纪念诸葛亮的功绩，将之称为"武侯锦"。武侯锦色泽艳丽，万紫千红，苗民每逢赶集都要带到集市交易，人们竞相抢购，它很快流传到其他地区，如现在的侗锦，又称"诸葛锦"，其花纹繁复华丽，质地精美。蜀锦成为当时最畅销的丝织品，蜀国用它来搞外交，即以蜀锦作为其联吴拒曹的工具。据当时一些书籍记载，蜀锦不仅花样繁多，而且色泽鲜艳、不易褪色。笔记小说《茅亭客话》中记有一个官员在成都做官时，曾将蜀锦与从苏杭买来的绫罗绸缎放在一起染成大红色，几年后到京城为官，发现蜀锦色泽如新，而绸缎的红色已褪，于是蜀锦在京城名声更噪。这些都足以说明当时蜀锦以其艳丽的花纹和精良的质地赢得了各地人们的喜爱，也足以证明当时织锦技术的

刺绣工艺品

古代纺织的发展概述

刺绣工艺品

高超及其对后世的影响。

（六）隋唐时期的纺织

隋朝铲平陈国后，获得了恢复和发展生产的和平环境。由于农业生产的迅速恢复与发展，手工业也日益发展起来，特别是纺织业更有突出的进步。当时河北、河南、四川、山东一带是纺织的主要地区，所产绫、锦、绢等纺织物品非常精良。隋代初年杨坚提倡节俭，但到了隋炀帝时风气大变。隋炀帝杨广是历史上著名的荒唐奢侈的皇帝。他竟奢侈地做到了"宫树秋冬凋落，则剪彩为华"的地步，不过这种荒唐奢侈的举动在一定程

纺织表演

度上也说明了隋代丝织物大量生产的情况。

　　唐代的丝织业也有很高的成就，不少学者是从多样角度对其进行研究的，并且取得了可喜的成果。但是以长江流域为对象作区域考察，还未见到。唐代特别是唐太宗时期，经济文化极为繁荣。官营手工业有着整套的严密组织系统，作坊分工精细复杂、规模十分庞大。通常以徭役形式征调到官营手工业的工匠，被称为"短番工"，他们对唐代官营手工业有很大的贡献，而且这种形式对唐代纺织技术的提高有很大促进作用。在我国封建社会的历史长河中，唐代的确可以算得上经济发展中的高峰期，而且从纺织角度看也的确如此，唐代著名诗人杜甫就在《忆昔》中记录这种情况。当时江南有些地区甚至以"产业论蚕议"，也就是以养蚕的多少来衡量人们家产的丰富程度。正是在这种条件下，唐代的纺织业迅速发展并且取得了高度成就，此后中国纺织机械日趋完善，大大促进了纺织业的发展。

（七）两宋时期的纺织

宋朝初期不断实施了一些恢复和发展生产的政策，因此纺织业得到高度的发展，并且已经发展到全国各地，而且重心向江浙渐渐南移。当时的丝织品中尤以绮绫和花罗为最多。宋代出土的各种罗纺织的衣物有二百

刺绣工艺品

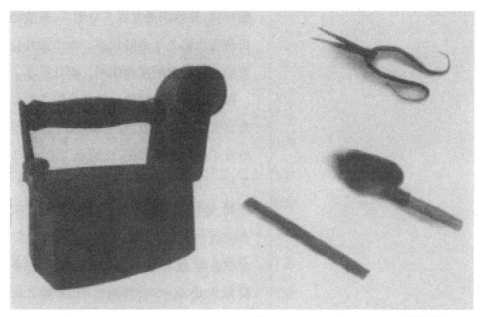

传统制衣工具

余件，其螺纹组织结构有四经绞、三经绞、两经绞的素罗，有斜纹、浮纹、起平纹、变化斜纹等组成的各种花卉纹花罗，还有粗细纬相间的落花流水提花罗等等。绮绫的花纹则以芍药、牡丹、月季芙蓉、菊花等为主体纹饰。此外还有第一次出土的松竹梅缎。印染品已经发展成为描金、泥金、贴金、印金，加敷彩相结合的多种印花技术。宋代的缂丝以朱克柔的"莲圹乳鸭图"最为精美，是中外闻名的传世珍品。宋代的棉织品得到迅速发展，已取代麻织品而成为大众衣料，松江棉布被誉为"衣被天下"可见其影响的巨大。

（八）元代的纺织

　　元代对纺织业实行严格控制和残酷榨取，使纺织业发展十分艰难，封建经济和文化陷入了衰敝状态，对中国社会发展起了严重的阻滞作用，而且显示了一种历史的倒退现象。元代纺织业主要是官营手工业，就生产规模和生产过程的分工协作程度来说，比起南宋来，有所发展。纺织手工业有杭州织染局、绣局、罗局、建康织染局等等。元代纺织品以织金锦最负盛名。1970年新疆盐湖出土的金织金锦，纬丝直径为0.5毫米，锦丝直径为0.15毫米，经纬密度为48根/厘米和52根/

经线卷轴

厘米，产品极其富丽堂皇。当时的丝织品以湖州所产最为优良，而且当时的品种有水锦、绮绣等，湖州的丝也由于树干低、桑叶嫩、养分丰富而闻名各地。

（九）明代的纺织

明代自建国起就重视棉、桑、麻的种植。到明代中后期，官吏甚至躬行化民。由于明政府的重视，使得桑、棉、麻的种植遍及全国，从而为纺织业的发展提供了源源不断的原材料。同时，明政府还设置了从中央到地方的染织管理机构。这样使明代纺织业形成了规模化、专业化的局面，促进了纺织业的迅猛发展，形成了许多著名的纺织中心，出现了新的纺织品种与工艺。当时丝纺织生产的著名地区

染缸

为江南，主要集中在苏州、杭州、盛泽镇等地。苏杭、南京都是官府织造业的中心。盛泽镇就是在丝织业发展的基础上新兴的产业。此外还有山西、四川、山东也都是丝织业比较发达的地区。明代丝织类型基本上承袭了以前各朝，主要有绫、罗、绸、缎等。四川蜀锦、山东柞绸都是本地区的名品。到了明代，棉花的种植遍及全国各地，而且在棉植业普及、棉织技术提高的前提下，棉织业成为全国各地重要的手工行业之一。随着明代棉纺织业的不断发展，到明代中后期，棉布成为人们衣着的普遍原料，这也是明代经济生活中一个大的变化。另外，葛、麻、毛织业在明代纺织业中仍占有一席之地。印染业经过数千年的实践，到了明代，也已积累了丰富的经验，为明代纺织业的发展创造了有利的条件。总之，明代纺织业较之前有了飞跃性的发展，并且有显著的特点，它给明代的社会、经济生活带来了重大变化。

（十）清代的纺织

清初，统治者为恢复封建经济来稳定它对全国的统治，大力恢复纺织手工业。清代的棉花种植几乎遍布全国各地，蚕桑的生产

纱档

也规模化发展，他们都成为农民经济生活中重要的生产事业。乾隆以来至嘉庆年间，由于关内农民的贫困破产，流亡农民不断冲破统治者的禁令而移入东北。自从山东劳动人民创造了人工放养蚕的技术，人工放养就逐渐从山东推广到全国各地。总之，纺织业得到了飞速发展。当然，清代对纺织业的控制和掠夺，也严重阻滞了纺织业资本主义生产的发展。清朝统治者一开始就剥削江南纺织业，他们以政治权力强制机户为其劳动，设置江南织造就是为了控制民间纺织业的发展，官营织造业凭借它的封建特权，通过使用政治手段对民间纺织业加以各种限制和控制。如限制机张、控制机户，以及其他封建义务的履行，这些都对江南纺织业的发展发生了阻滞、摧残和破坏的作用。清初为控制民间丝织业的发展，曾在"抑兼并"的借口下，加以种种限制。规定"机户不得逾百张，张纳税五十金"。而事实上获得批准常常是要付出巨大的贿赂代价，这种严格的限制和苛重的税金，实际上起着阻碍、限制丝织业发展的作用。康熙时，曹寅任织造，机户联合起来行使了大量的贿赂，请求曹寅转奏康熙，才免除了这种限制的"额税"，江南丝织业才得到进一步发展。

清代苏州织造局比明代时生产规模大大

广西少数民族绣品店内景

纺织器具

地发展了。清代官营手工业的生产规模确
实很大，房舍动辄数百间，每一处设有各
种类型的织机六百张，多时至八百张，近
两千名的机匠，另外还有各种技艺高超的
工匠二百多人，多时达七百多人，这些工
匠中又有各种专门化的分工。清代的官营
织造手工业无论在体制和规模上都比明代
有所发展。清纺织品以江南三织造生产的
贡品技艺最高，其中各种花纹图案的妆花
纱、妆花罗、妆花锦、妆花缎等富有特色，
还有富于民族传统特色的蜀锦、宋锦。

二、丝绸之路

（一）"丝绸之路"的名称

丝绸之路雕塑

在尼罗河流域、两河流域、印度河流域和黄河流域之北的草原上，存在着一条由许多不连贯的小规模贸易路线大体衔接而成的草原之路。这一点已经被沿路诸多的考古学发现所证实。这条路就是最早的丝绸之路的雏形。丝绸之路的名称是个形象而且贴切的名字。在古代世界，只有中国是最早开始养蚕、种桑、生产丝织品的国家。近年中国各地的考古发现表明，自商、周至战国时期，丝绸的生产技术已经发展到相当高的水平。中国的丝织品迄今仍是中国奉献给世界人民的最重要产品之一，它流传广远，涵盖了中国人民对世界文明的种种贡献。因此，多少年来，有不少研究者想给这条道路另外起一个名字，如"玉之路""宝石之路""佛教之路""陶瓷之路"等等，但是，都只能反映丝绸之路的某个局部，而终究不能取代"丝绸之路"这个名字。丝绸之路一般可分为三段，而每一段又都可分为北中南三条线路。东段从长安到玉门关、阳关。中段从玉门关、阳关以西至葱岭。西段从葱岭往西经过中亚、西亚直到欧洲。三线均从长安或者洛阳出发，到武威、张掖汇合，再沿河西走廊至敦煌。广义丝路是古代中西方商路的统称，狭义丝路仅指汉唐时期的沙漠绿洲丝路。

（二）丝绸之路上最早的贸易时间

早期的丝绸之路上良种马及其他适合长距离运输的动物开始不断被人们所使用，令大规模的贸易文化交流成为可能。双峰骆驼则在不久后也被运用在商贸旅行中。在对商代帝王武丁配偶坟茔的考古中，人们发现了产自新疆的软玉。这说明至少在公元前13世纪，中国就已经开始和西域乃至更远的地区进行商贸往来。随着公元前5世纪左右河西走廊的开辟，带动了中国对西方的商贸交流。这种小规模的贸易交流说明在汉朝以前，东西方之间已有经过各种方式而持续长时间的贸易交流。

织锦

（三）丝绸之路的发展

公元前2世纪，中国的西汉王朝经过文景之治后，国力渐渐强盛。汉武帝刘彻为了打击匈奴，便派遣张骞前往之前被冒顿单于赶出故土的大月氏。于是，张骞带领一百多名随从从长安出发，日夜兼程西行。张骞一行在途中被匈奴俘虏，遭到长达十余年的软禁。他们逃脱后又继续西行，先后到达大宛国、大月氏等地。在大夏市场上，张骞就曾看到了大月氏生产的毛毡等物品，他由此推知从蜀地有路可通往大夏国。公元前126年，张骞几经周折返回长安，出发时的一百多人仅剩张骞和一名堂邑父。公元前119年，张骞又第二次出使西域，自从张骞第一次出使西域各国，向汉武帝报告关于西域的详细形势后，汉朝对控制西域的目的变得十分强烈。为了促进长安和西域的交流，汉武帝招募了大量的商人，去西域各国经商。这些商人大部分成为巨贾富商，从而吸引了更多的人从事丝绸之路上的贸易活动，这极大地推动了西域与中原之间的物质文化交流。同时汉

丝绸之路雕塑

朝也在收取关税方面取得了丰厚的利润。此时，出于对丝路上强盗横行和匈奴不断骚扰的状况考虑，设立了汉朝对西域的直接管辖机构——西域都护府。以汉朝在西域设立官员为标志，丝绸之路这条东西方交流之路开始进入繁荣的时期。然而，当中国进入东汉时代以后，由于内患的不断增加，自汉哀帝以后的政府放弃了对西域的控制，后期匈奴与车师的战争更令丝绸之路难以通行，并且当时的中国政府为防止西域的动乱波及本国，经常关闭玉门关，这些因素最终导致丝路的交通陷入半停半通状态。随着中国进入繁荣的唐代，丝绸之路再度引起了中国统治者的

现代丝绸

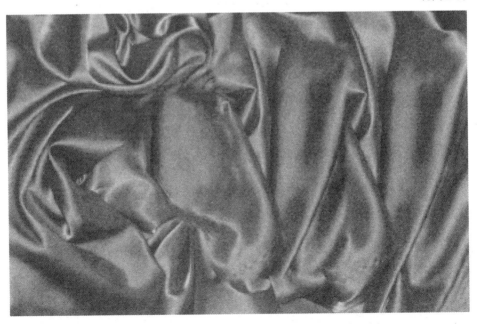

古代丝绸之路起点雕塑

重视。为了重新打通这条商路，中国政府借助击破突厥的时机，一举控制了西域各国，并设立安西四镇作为中国政府控制西域的行政机构，新修了玉门关，再度开放沿途各关隘。并打通了天山北路的丝路分线，打通至中亚。与汉朝时期的丝路不同，唐控制了丝路上的中亚和西域的一些地区，并建立了有效而稳定的统治秩序。从此丝绸之路进入了辉煌发展的时期。

（四）海上丝绸之路

宋代以后，随着中国南方的进一步开发和经济重心的南移，从泉州、广州、杭州等地出发的海上航路日益发达，越走越远，从南洋到阿拉伯海，甚至远达非洲东海岸。人们把这些海上贸易往来的各条航线，通称为"海上丝绸之路"。"海上丝绸之路"也就是中国与世界其他地区之间海上交通的路线。海上丝路在中世纪以后输出的瓷器很多，所以又名"瓷器之路"。中国的丝绸除通过横贯大陆的陆上交通线大量输往西亚和非洲、中亚、欧洲国家外，也通过海上交通线源源不断地销往世界各国。海上丝绸之路形成于汉武帝之时。从中国出发，向西航行的南海航线，是海上丝绸之路的主线。

张骞出使西域

（五）丝绸之路的意义

正如"丝绸之路"的名称，在这条逾七千公里的长路上，丝绸与同样原产中国的瓷器一样，成为当时东亚强盛文明的一个象征。丝绸不仅是丝路上重要的奢侈消费品，也是中国历朝政府的一种有效的政治工具。中国的友好使节出使西域乃至更远的国家时，往往将馈赠丝绸作为表示两国友好的有效手段。并且丝绸的西传也改变了西方各国对中国的印象，由于西传至君士坦丁堡的丝绸和瓷器价格奇高，令相当多的人认为中国乃至

丝绸之路带动了古代纺织业的迅速发展

东亚是一个物产丰盈的富裕地区。丝绸之路的开辟，有力地促进了中西方的经济文化交流，对促成汉朝的兴盛产生了积极的作用。当中国人开始将他们的指南针和其他先进的科技运用于航海时，海上丝绸之路迎来了它发展的绝佳机会。丝绸之路有利地促进了中西方的经济文化交流，对促成汉朝的兴盛产生了积极作用。正是这条丝绸之路，使我国的纺织品和技术在很久以前就向世界显示了它的先进性，至今我们还因它而感到骄傲。这条丝绸之路，至今仍是中西交往的一条重要通道。在我国当今的对外经济交流中，仍然发挥着重大作用，我们应该很好地加以利用。

三、古代纺织机械的发展概况

中国古代纺织工具的性能和结构，是我们研究中国古代纺织技术史过程中必须探讨的问题。中国机器纺织起源于五千年前新石器时期的腰机和纺轮。西周时期具有传统性能的简单机械纺车、缫车、织机相继出现，汉代广泛使用提花机、斜织机。唐以后中国纺织机械日趋完善，大大促进了纺织业的发展。下面我们就介绍一下各个朝代的主要纺织工具。

（一）原始的纺织工具——纺缚

我国考古工作者于 1958 年，在渭河下游陕西省华县的一个女性墓葬中，出土了很多文物，这批文物中的一些鹿角和石片经过考

古代纺锤和线锤

古专家的鉴定，其用途是用于纺纱加捻，它们就是到目前为止所发现的世界上最早的纺纱工具。"纺缚"这一名字，也是世界上最早用文字记载下来的纺纱工具名称。纺缚，主要就是由缚杆和缚片两部分组成。当一个人用力转动缚盘时，缚自身的重力使得一堆乱麻似的纤维拉细牵伸，缚盘旋转时所产生的力，使拉细的纤维加捻而成麻花状。在纺缚不断旋转的过程中，纤维加捻和牵伸的力也就不断沿着与缚盘垂直的方向，即缚杆的方向，向上传递，纤维不断被牵伸和加捻。当使缚盘产生转动的力被消耗完的时候，缚盘便停止转动，这时将加捻过的纱缠绕在缚杆

中式绣房

古代纺织机械的发展概况

古老的纺车

上,然后再给缚盘施加外力旋转,使它继续"纺纱"。尽管这种纺纱的方法是很原始的,但纺缚的出现,确实给原始的社会生产带来了巨大的变革,它巧妙地利用重力牵伸和旋转力加捻的科学原理,这种方法一直沿袭到今天。它的出现并非偶然,它是我国纺纱技术发展史上一个重要的里程碑。

(二) 纺车、脚踏纺车与踏板织机

古代通用的纺车按结构可分为脚踏纺车和手摇纺车两种。手摇纺车的图案在出土的汉代文物中曾多次发现,说明手摇纺车早在汉代已经非常普及。脚踏纺车是在手摇纺车的基础上发展而来的,目前最早的图像是江

纺织机

纺织机

苏省泗洪县出土的东汉画像石。手摇纺车驱动纺车的力来自于手，操作的时候，需要一手从事纺纱工作，一手摇动纺车。而脚踏纺车驱动纺车的力来自于脚，操作的时候，纺妇能够用双手进行纺纱操作，大大提高了劳动的效率。纺车自出现以来，一直都是最普遍的纺纱工具，即使是在近代，一些偏僻的地区仍然把它作为主要的纺纱工具。

踏板织机是带有脚踏提综开口装置的纺织机的通称。踏板织机最早出现的时间，目前为止尚缺乏可靠的史料证明。研究者根据史料所载，战国时期诸侯间馈赠的布帛数量

绣房一角

比春秋时高出百倍的现象，以及近年来各地出土的刻有踏板织机的汉画像石等实物史料，推测踏板织机的出现时间可追溯到战国时代。到秦汉时期，长江流域和黄河流域的广大地区已普遍使用。织机采用脚踏板提综开口是织机发展史上一项重大的发明，它将织工的双手从提综动作解脱出来，以专门从事打纬和投梭，大大提高了生产率。以生产平纹织品为例，比原始织机提高了 20—60 倍，每人每小时可织布 0.3—1 米。可见，其在纺织史上的重要地位。

（三）汉代织机

汉代纺织品的花纹图案，是我国古代工艺装饰图案灿烂的一页。汉代纺织物如此精美，织纹极其复杂，织造这些织物的工艺技术和工具也必然是先进的。新石器时代遗址中发现的纺轮很多，汉代时纺轮仍沿用不废。汉代丝织物花纹绮丽，组织复杂，证明当时我国劳动人民已经掌握了高度先进的纺织技术。汉代的纺织工具，在山东嘉祥武梁祠、山东滕县龙阳店出土的很多，江苏沛县留成镇等地出土的纺织图中也有很多，可以看见的有纬车、络车、织机三种。纺织图中的织机构造比较简单，但可以看出当时的织机是

织布机

由竖机向平机发展过程中的一种过渡样式，可能是汉代民间所常用的普通小型织机。

织机经过不断地改造，到汉昭帝时，巨鹿陈宝光的妻子成功地创造了一部提花机。《西京杂记》说她"所用之机"用"蹑"很多，这种机器需要六十日才织成一匹，费工费时之多，实在惊人。这种丝织机的构造，属于特殊最精细的绫锦织机，不便用于一般织物，至于普通绫机用蹑不会如此之多。此外，襄邑织工发明织花机，具体年限不详，至少在东汉初年，这种织物已经为公卿大臣所用。虽织物不如手工刺绣精美，但以机械织花代替手工刺绣，这是一项重大技术改造，也是

丝路古道寺口子

一项复杂的技术问题。我国早在两千年前，已着手钻研了织造采锦这些新技术，并取得可喜的成就，说明当时的织物技术和工具确实是非常先进的。世界公认欧洲开始有提花机的时间，较中国晚，而且还很可能受到中国的影响。

（四）唐代的纺织工具及印染工具

唐代纺织工艺技巧已经达到成熟阶段，提花机有很大地改进和提高，构造已经渐趋复杂，而且在机前装置了"涩木"，织锦由于发明了纬线起花，使锦纹的图案和配色更加丰富多彩，由经线到纬线起花，是我国纺织

周村大染坊

技艺的重大进步。当时著名的丝织物有花纱、水纹绫、吴绫等不计其数的名称，而且还有很多种颜色。这样复杂的丝织物名色，可知当时的丝织业已发展到了十分兴盛的地步。当时织锦物上所见的花纹多是孔雀、雁衔绶带、仙鹤以及其他图案等。总之，唐代纺织品图案花纹布局匀称是唐人擅长的，质朴中显得妩媚。我们在唐代三彩女俑、仕女画以及敦煌壁画中的唐代建筑彩绘和人物服饰上，常常可以见到这类装饰图案。同时我们也可以看到外来的花纹也融合于中国本来的装饰图案中，纺织物图案因此更多样化。唐代锦样有珠圈内相对成双的祥瑞鸟兽，如鸳鸯等，是吸收外来波斯文化以怪兽头为主题的珠圈装饰影响的反映，但是就其全部纹饰布局和内容来看，仍然显示出我国民族传统的工艺装饰特点。不仅许多禽兽象征吉祥，一直为我国人民所喜爱，即就珠圈本身来说，在我国汉代瓦当和铜镜上，甚至商代的青铜器上也可以找到它的渊源。我国织锦在隋唐之际，从织纹到图案都有了新的重大的变革和发展，说明这时纺织工具已经进入了一个先进的时期。在纺织工具快速进步的影响下，唐代印染业也飞速发展，单就官营染业来说，内部

黄道婆纪念馆

古代纺织机械的发展概况

黄道婆墓

分工很为精细，能染出各种绚丽的色彩。尤其突出的是唐代发展汉代的印染加工技术。唐代的印染技术方面有许多创新，不但在染色方面有很大成就，而且发展了印花等方面的技术，为我国印染技术作出了可贵的贡献。

（五）宋代的水转大纺车

宋代纺织工具有很大进步，特别是水转纺车。古代纺车的锭子数目一般是二至三枚，最多为五枚，时至宋代有所发展。宋元之际，随着社会经济的发展，在各种传世纺车工具的基础上，逐渐产生了一种有几十个锭子的大纺车。大纺车与原有的纺车不同，其特点是：锭子数目达到几十枚，并且利用水力来驱动。这些特点使大纺车具备了近代纺织机械的雏形，适应专业化的大规模生产。以纺麻为例，通用纺车每天最多纺纱三斤，而大纺车一昼夜可纺一百多斤。纺纱时，需使用足够的麻才能满足其生产能力。水力大纺车是中国古代将自然力运用于纺织机械的一项重大发明，如单就以水力作为原动力的纺纱工具而论，中国比西方早了四个多世纪。可见，宋代水转大纺车的崇高地位。

古镇内的染坊

（六）元代黄道婆与纺车的改进

棉纺织革新家黄道婆从崖州学到了先进的技术，包括纺纱、纺织的技术，后来她回到了自己的家乡乌尼泾。黄道婆重返乌泥泾时，元朝已经统一了全国。棉花种植已经大为普遍，但当时长江流域一带的纺织技术仍然很落后。黄道婆为了革新纺织技术，经过长久的、艰辛的努力。她首先使用崖州的辗轴来去除棉籽，但这样还是赶不上生产的需要，必须进一步革新。经过黄道婆和广大劳动人民的不断实践和改革，最后出现了王祯

《农书》中所记载的，名叫搅车的轧棉工具。解决了轧棉工具以后，在黄道婆、广大弹棉者和纺织能手的努力下，出现了一种叫"绳弦大弓"的工具，代替原来一种四尺多长的小竹弓，并用弹椎来敲击绳弦。由于敲击时振幅大，强劲有力，每日可弹棉六到八斤，弹出的棉花既洁净又松散。到元末明初，经过不断改进，最后出现了木制弹弓和用檀木制的锥子，线弦改用蜡线，弹棉的功效又进一步提高。黄道婆把自己从生产实践中得到的体会加以总结，着手改制纺车，把竹轮的直径改小，竹轮的偏心距和脚踏木棍的支点也都作了合理的调整。用这种三锭脚踏纺车

周村大染坊劳作雕塑

古代纺织

纺棉纱，既省力，功效又有提高。因此很快在松江一带得到推广，甚至在六百年后的今天，在一些农家还可以看见它。黄道婆除了在棉花加工和纺纱技术上敢作敢为、大胆革新以外，还表现在制造方面，也同样有杰出的建树。她把从兄弟民族那里学到的织造技术，加上自己的实践，融会贯通，总结了错纱等制造技术，并广传于人。由于乌江泾和松江一带人们迅速掌握了先进的织造技术，使得这一地区丝织业迅速发展起来，影响巨大。因此，黄道婆的贡献至今还让人们追念。

织布机

织土布

（七）明代纺织工具的改良

明代纺织生产高度发展，纺织品名色和产量增多，织造技术及纺织生产工具也不断提高和创新。苏州、杭州纺织业中已经广泛使用花机，一称大机；另外还有一种小机。

足踏纺车使用时手脚并用，脚踏动踏条，右手均捻棉褛，左手握棉筒。这种足踏纺车生产效率大大提高。明代纺车现在见到图形的，还有《天工开物》所载的一辆纺车，这

针扎

种纺车形制简单，操作时，一手摇动曲柄，一手曳棉条而成一缕，非常容易掌握，到今天在广大农村中仍然普遍使用。纺织业中由于不断改进生产工具，使用了许多新的织造技术，出现了许多不同的品种，如罗、纱、绫绸等。这些名目繁多而不同品种的丝织品的出现，是由于使用不同技术和不同工具的结果。而这些不同品种丝织品的织造，都渐渐地发展成为各自独立的手工业部门。"工匠各有专能"，于是纺织业中的社会分工逐步细致并日益具有专门性质，这一点是值得肯定的。麻纺织业中盛行大纺车，"中原麻布之乡皆用之"，借以人力或者畜力推动，还有用"水转大纺车"。因为使用了这些工具，生产技术迅速进步，生产水平大大提高。

（八）清代纺织工具生产已成专业

清代纺织业内部劳动分工进一步发展，纺织品中某一品种专门生产的地区已经逐步形成。这些社会分工，不能不影响到纺织生产工具的分化，因而生产这些纺织工具的手工业也就日益分化成为单个独立的手工业部门。清代后期纺织生产工具已成为专业，并且在各个纺织业发达地区都拥有自己的工具生产作坊，并且因为产品具有独特规格而深

纺织刺绣品

古代纺织机械的发展概况

古代纺织雕像

受纺织业欢迎。纱车、锭子是主要的纺织工具，两者都有百年的历史，而且都是金泽地区的产品。江宁的织机制造业也十分发达，其中最精巧的织机"其经有万七千头者"，说明江宁织机十分复杂精巧，而且制作种类多，此外还有筘布机等等。在各个纺织业发达的城市或地区，为纺织业服务的出售纺织工具的店铺或纺织工具生产作坊也随之发展，如江宁等专门供应纺织业需要的手工业生产纺织工具的店铺和作坊。清代全国纺织业发展不

苏绣艺术博物馆内刺绣藏品

平衡，各地纺织生产技术水平也不一。从资料来看，全国总的织造技术和生产工具虽较明代有所发展，但变化仍不太大。

这一时期的纺织工具有很多，如贵州缫治山蚕丝主要用的缫丝工具就有缫车、锅马、丝笼、风车等。此时的主要纺织工具还有纺车，如松江纺车、三缫纺车等等。

四、我国纺织业重心南移的原因

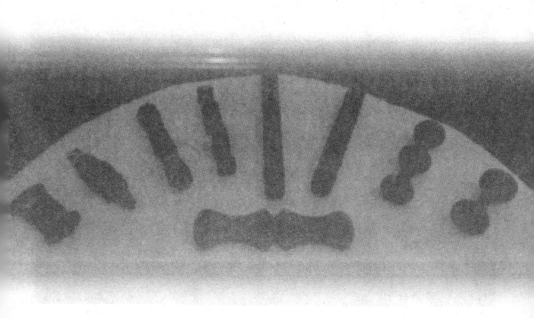

（一）南移的外在原因

我国古代的蚕桑丝织业起源于黄河中下游平原，其生产中心开始也在这一地区，后来转移到了江南地区，史学界就把中心产地的这个变迁称为"丝织业生产重心的南移"。对于丝织业重心南移原因的解释，主要是战乱破坏说，即认为宋辽金的长期征战和对峙直接导致了以京东、河北为中心的北方丝织业的衰落，同时还有灾荒频繁说、征捐繁重说以及气候变化说等等，这些说法都是有一定道理的。但这还不足以造成北方丝织业的一蹶不振，因为类似的情况在魏晋和北朝时大都出现过，到了唐朝这一地区的丝织业却

同里水乡出售的针织品

侗族织布机

又重新崛起了。

宋代丝织业生产中心仍在湘方，从《宋会要》和《通典》两部重要史书的记载来看，唐宋两朝官府征收绢帛的主要地区确实大不相同。《宋会要》的匹帛篇记载有乾德五年到乾道八年用于租税绢帛的四组较完整的数字统计，其中两组数字的有关部分是年租税绢以两浙路绢帛为基数，两浙路接近或超过了京东、河北四路的总和。《通典》六记有唐代"诸郡每年常贡"绢帛的情况，河南道北部的三十余郡全都纳绢，而江浙一带只有余杭、吴郡、余姚和会稽等数处。记载还说，唐以前江南吴越人尚不知纺织为何事。唐朝时丝织业生产重心在北方，江浙一带刚刚起步。很多著作都以这两部书的记载为最主要的依据，断定宋代丝织业生产重心已经南移。但细致地研究起来，作出这样的判断必须有一个前提，即此处所记的各路贡绢税绢数额是其应征的全部数额。当然这个前提并不完全成立，两浙路所记载的是其应交的全部数额，而河北及京东路所记载的则仅仅是其所应交数额中的一部分。

针线筒

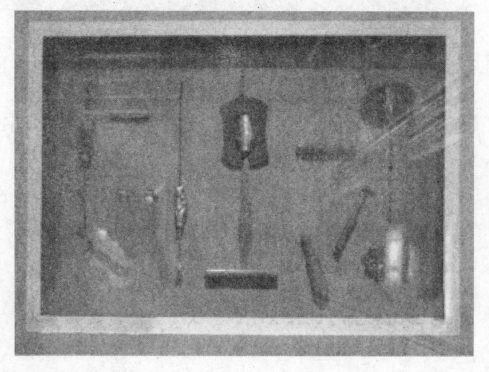

宋代征收绢帛丝棉的首要目的是供军需。北宋时河北路北部与辽国交界，是防戍屯兵的重要军事要地，需要大量的军费开支。军衣直接用绢帛，粮草也大多以绢帛交易，这些首先是用京东及河北地区的贡绢和税绢就近供应。河北守军"以土绢给军装"已经成为惯例，宋真宗就曾担心亏待军士，因此下令"给沿边戍兵冬衣，不得以轻纤物帛充支"，可知按惯例是以本地耐用的土绢供给的。

大中祥符年间，河北转运使李士衡屡次请求给朝廷多进奉绢帛，即河北沿边州军所需用于边防军士的绢帛首先从当地支付，至

织布梭子

于当地军用绢帛与上交中央的绢帛在账目上如何处理，是在制定上交数额时即已将军用部分估算在外，还是从该路上交定额中扣除，不得而知。但是无论是何种方式，都是留足当地军用以外的部分才向中央府库上交。因军用绢帛数量多且作用大，中央曾允许河北路征收的绢帛可以多留本地，少交甚至不上交中央政府，例如至道四年，朝廷规定各地留足一到三年所用绢帛，其余全部送交汴京，同时明确规定"河北、陕西缘边诸州不在此限"。不仅税绢贡绢，有时连预卖的绢帛也留存在当地，如建中靖国元年在京东、河北、

绢帛生产

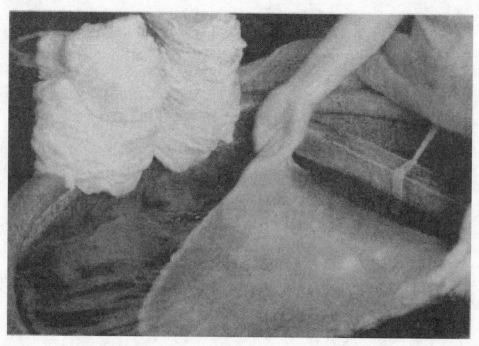

土族针线包

京西、两浙和淮南等地各买绢十五至二十万匹，就地留存以佐当地军用绢帛的不足。根据任将相近五十年的文彦博说，河北为北宋的军防重路，京东次之，尽管河北的绢帛生产较京东发达很多，但因京东留充军用的绢帛相对少一些，所以上交的税绢贡绢都比河北多。

总之，京东路及河北是在留足当地军用之外才上交中央政府的，有时甚至还要负责筹集"擅渊之盟"所规定的供给辽国的绢帛，

这样《宋会要》所记载的数字只是其实际上交部分，自然就比其他地区少得多了。这与唐代的情况有很大的不同，唐代北方防戍的任务不如宋代重要，尤其是在唐中叶藩镇割据以前。那时各地的纳绢情况能比较客观地反映出各地丝织业生产的实际水平。两浙地区与京东、河北不一样，在北宋时期属于"内地"，没有防卫的需要，所应征收的税绢贡绢除留存下来充当地行政费用外全部上交中央，这便是《宋会要》上所记载两浙绢数比京东、河北大的主要原因之一。

可见，仅以账面上的税绢贡绢数量来判断各地的丝织业生产水平，从而断定丝织业

宋代丝织图

重心在宋代已经南移，是很不科学的。实际上只要注意一下，北宋时官府获取绢帛的主要方式是预买绢帛法，也就是由河北转运使李士衡创行的，而夏税税粮折绢成为定制则是从京东开始推广开的，那么京东、河北的丝帛产量在宋代的突出地位就是不言而喻的了。

就质量而言，宋代最优质的丝织品也出产在京东和河北，而不是江浙或其他地区。著名的刻缚丝工艺品即产于定州，单州薄嫌产于京东。单州薄嫌长短合于官度，而重才百殊，看起来像迷雾一般。除刻丝之外，河北的其他优质帛绢也以轻薄闻名，同样品种

宋代织布图

我国纺织业重心南移的原因

宋代绢帛

的绢，其他地区每匹重十二两，而河北绢才十两，差距很大。与河北绢相比，江南绢不及河北绢质量好。此外，京东"关东绢"，也是当时著名的丝织工艺品。从东南沿海过来的"广南、福建、淮浙商旅，率海船贩到番药诸杂税物，乃至京东、河东、河北等路，商客船贩运见钱丝绵绞绢，往往交易买卖，极为繁盛"，这是南方商旅舍近求远而易买河北、京东及河东的优质绢的原因。同时从买纱绢来看，是河东尚不及京东。女真人和契丹人也以河北绢为最上等，女真人受纳宋朝绢帛，只要河北绢而拒收江浙绢。如靖康元年"金需绢一千万匹，朝廷如数应付，皆内藏元丰、大观库，河北岁积贡赋为之扫地。如浙绢悉以轻疏退回"。

"河北东路民富蚕桑，契丹谓之绞绢州"，看来，宋代河北、京东绢帛不仅产量高，而且质量在全国也是首屈一指的。当然，这种说法并不是否认战乱等因素给北方丝织业带来的衰落，而是说要把问题考虑得全面一些、具体一些，不能夸大其衰落的程度。辽兵南下时为便于战马奔驰，对"沿途居民园囿桑柘，必夷伐焚荡"，确实给河北的桑蚕业造成严重的破坏。但战争在一定条件下也能促进桑树的种植，这是因为防御敌骑的缘故，北宋王

精美的刺绣使服饰更显华贵

我国纺织业重心南移的原因

养蚕业

朝也有不少人主张在河北及京东北部扩种桑树，如熙宁时"言者谓河北沿边可植桑榆杂木以限敌骑，且给邦之材用。朝廷如其言"，在两百里范围内栽种了大量桑树。宋朝为防御敌骑在桑树少的地方尚且扩种，对原有的桑树自然更注重保护。这就在一定程度上抵消了辽国骐骥南下对河北一带桑树带来的破坏。南宋时京东、河北一带完全被金人占据，宋金战火就不再波及此地。女真人都喜欢使用绢帛，也很重视保护桑蚕丝织业，征战时砍伐林木就明令保护桑树。除了贪婪地向宋

蚕茧

朝索要帛绢外，还规定"凡桑枣，民户以多植为勤"。

种桑的地亩与均田制时期接近宋代，不曾具体规定。这对善于植桑养蚕的当地汉民户来说问题不大，但对游猎生存的女真及契丹人来说就比较难办，因此又多次重申有关令制，还专门下令禁止毁坏桑树。大定以后北方丝织业很兴盛，在京东、河北等地设有专门的"桑税"，还以绢帛为钱币，并常常有绢帛向南运输，如南宋商人常来金境用茶叶换取绢帛，此外还建议改用食盐易茶，表明北方的丝织业生产水平仍然比南方高。在《金史》本纪中常有京东、河北一带桑蚕丰收、野蚕成茧的记载，以及时人"春风北卷燕赵，无处不桑麻"的描写，都反映出在金人统治时期，北方的桑蚕丝织业并没有想象中那样大幅度地长期衰落。

从总的情况来判断，虽然两宋时期北方地区的桑蚕丝织业有一定程度的衰落，江浙地区的桑蚕丝织业较唐代有了较大的发展，形成了丝织业生产的又一个中心，但无论从产绢质量和数量以及产地范围诸方面来看，北方传统产区的河北、京东四路仍然占有明显的优势，全国丝织业生产的中心仍然在这

桑叶种植

绕线板

个地区。在两宋三百年间丝织业的生产重心尚未转移。宋明间北方"棉盛丝衰"的直观考察中，有关论著对丝织业重心南移原因的不准确解释，主要是由于局限于宋代一朝而引起的。两宋时期丝织业重心尚未转移，因此，考察北方桑蚕丝织业的衰落，特别是衰落之后未能恢复到以前水平的原因，从而揭示重心南移的根本原因，就需要把时间的跨度拉长，应该与元明两朝相联系。把宋元明时期联系起来考察，我们就会发现，这个时期江南地区和北方桑蚕丝织业此消彼长的结果，不仅仅是丝织业生产重心的变迁，同时还发生了纺织原材料即衣料用品的重大变革，

养蚕业

也就是棉布渐渐取代了绢帛和麻布。这个变革，与人类由裸体到披兽皮树叶，由披兽皮树叶到生产麻布丝绢，以及近代化纤纺织品的使用有着同样重要的历史意义。

关于我国古代棉花种植技术的传播过程和时间至今尚无定论。最新的研究成果表明，"棉花的种植和织造技术，在南宋时期已逾岭南而向东北一代，即江南西路、两浙路、江南东路逐步推广和发展"，呈现出由外地向内地发展的趋势。在宋代以前，棉花传入中国已经有一千多年的历史了，但一直是在边陲地区种植，扩展速度缓慢的原因主要是内地传统的桑蚕丝织业及麻织业的存在。一直到元朝，棉花仍在长江以南地区种植，也就是上述由岭娇传入的"南道棉"，元政府所设立的课征棉花棉布的机构"木棉提举司"只在江南、浙东、湖广和福建等地，北方则没有，夏税征收一定数量的棉布和棉花，也只是局限在江南，北方地区一直是征收丝帛的。但

摘采后的棉株

我国纺织业重心南移的原因

动物的毛是纺织的原料之一

根据一些零散资料来推测，元朝时期山东地区已经有棉花生产，估计是"南道棉"向北延伸的结果，例如明初洪武五年朱元璋"发山东棉布万匹"易马送辽东充军用，九年又在登州一带征集"棉布二十万匹，棉花一十万斤"送辽东，则证明元朝后期山东地区确实已经有一定规模的棉花生产。但在属于中书省直辖的相当于宋代河北路地区，则

草原上放牧的羊群

没有发现关于这方面的材料，虽然元代大部分街市上已有棉布出售，却都是由"商贩于北"，也就是从江南或关陕传来的，并不是本地所产。这时"南道棉"已延伸至河南、山东却尚未北上，由新疆内传的"北道棉"此时仅到了陕西一带，还没有越过黄河、太行山而向东发展，河北地区成了北道棉和南道棉"会师"前的空当。

纺织器具

据研究者考证，北宋时期河北、京东的
五十七个府州军中，只有开德府这一个地方
没有产绢记载。两浙路十四个府外，不纳绢
的共有六处，这是北方仍占明显优势的证
明。南部的宁晋附近的桑林能埋伏下骑兵万
余，河北地区的民户仍然在大面积种植桑树，
中部的河间仍是"男勤稼穑，女务桑蚕"，肃
宁地区"田畴开辟，桑麻菊蔚"。传统的桑

纺织刺绣机器

蚕丝织业及麻织业仍在原有基础上存在和发展着，但棉花向这一带逼近的情况已经十分明显。从明朝初年开始，这种态势已经成为事实。如果说洪武元年令"农民田五亩至十亩者，栽桑麻、木棉各半亩，十亩以上者倍之"，只是针对江南地区的措施，那么，到洪武二十七年"广谕民间，如有隙地，种植桑枣，益以木棉，并授以种法而益蜀其税"，已

我国纺织业重心南移的原因

经无疑是对全国普遍而言了。这时棉花种植已经是"遍布于天下，地无南北皆宜之，人无贫富皆赖之"了。在北方税收中正式加上了课征棉布、棉花折布、地亩棉花绒等科目，所沿用的元代"木棉提举司"也已经在全国十三个布政司和南北直隶全部设置。

明代棉花有浙花、江花和北花三大类，其中北花出自北直隶、山东，北直隶就相当于宋代的河北路，山东相当于宋代的京东路，因此以北直隶和山东为中心，在原来的桑蚕丝织业中心产区形成了三大植棉产区之一的北方植棉区。

先看北直隶。时人称"今则燕鲁、燕洛

棉花植株

之间尽种"棉花，也就是与河南、山东接壤的直隶中南部已经普遍推广种植棉花。其中河间一带产棉最多，所辖宁津县农民多以植棉为业，所辖沧州"东南多沃壤，木棉称盛，负贩者络绎于市"。根据明代北直隶各府县地方志看，所记物产类都有"棉布"和"宜木棉"字样，几乎所有府县都贡棉布或棉花，如河间府税棉额，大明府和广平府的税收也有棉花，保定郡洪武时税收也是棉花等等。这是几个较大的征棉花府郡。还有一些，如雄县、易州、霸州、赵州等，每年都征收棉花不等。但在较少的府县中，有的是县级区划，所管辖面积小，有的则只是该府州所直属中心地

棉花

我国纺织业重心南移的原因

区征收的，而不是所辖各县的总额。大致说来，明代北直隶各府州每年秋粮折收棉花数量为四百至一万五千斤左右，这是个相当大的数字。各府县征棉数量的确定，都是按照地亩来计算的，即若干亩农田折棉田一亩，每亩棉田征棉花四两，然后算出一地总数。这种征算方法反映出各地种植棉花面积很广和连续种植棉花的事实。有些产棉区同时也是棉布产地，如河间府肃宁县棉织业最发达，"北方之布，肃宁为盛"。徐光启说："肃宁一邑所出布匹，足当吾松（按指松江府）十分之一矣。"河间所产粗布、斜文布、平机布等棉纺织品数量很多，也很有名气，并且有了高

棉花

古代纺织
086

含苞的棉花

超的棉纺织技术。鉴于冬天，北方风高日寒，棉花纺织绵断续不成缕的情况，肃宁人发明了一种在地窖中纺纱的技术，"就湿气纺之，便得紧实，与南土不异"，提高了棉纱的质量。乐亭一带"耕稼纺织，比屋皆然"，纺棉纱、织棉布成了农村妇女的日常劳动，所产棉花棉布除自家消费以外还常作为商品来出售。

山东在明代也是全国产棉最多而且质量最高的省份之一。根据嘉靖《山东通志物产志》记载，棉花在山东"六府皆有之，东昌尤多"，东昌、兖州和济南三府是产棉的中心

山东是中国产棉最多而且质量最高的省份之一

区，全省征棉总数的百分之九十以上都出自这三府中。各县产棉也很普遍，临邑县"木棉之产，独甲他所"，该县富豪邢氏一家就有"木棉数千亩"，嘉靖四十年临邑一带棉花大丰收，他家的棉花"数以千万计"。根据明代山东方志记载，这类"地宜木棉"的州县最少有二十九个，也就是几乎所有的州县都出产棉花。与北直隶一样，山东征秋粮时都有棉花这一科目，各县征收棉数量二百到九百斤不等，一般府州征收三千斤左右。这些征棉数量也是按地亩折合计征的。由于棉花种植的普遍化，在灾荒年粮食歉收时，民户以棉花棉布换粮糊口，还经常用棉布来代替纳税粮。山东各地还是军用棉布的主要供给地，例如成化年间"辽东军士冬衣花布出自山东"，山东棉布送达京师后"散作边关御士寒"等等。这些军用棉布与民间常用棉布的种类有阔布、平机布、小布等，质量比较差，人人都可以纺织，总之，这是大众化的普通棉布。还有高级的或专门作为商品的棉织品，如著名的"定陶布"就出产于兖州府定陶县，该县"所产棉布最佳，它邑皆转寮之"。山东所产的棉花以及棉布均为上等，很多江南商贩常来山东贩运，东昌府唐县的棉花被"江淮贾客贸

棉花

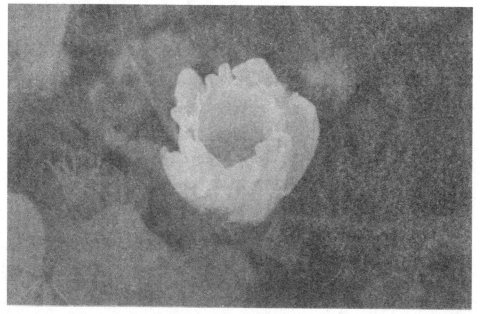

我国纺织业重心南移的原因

纺织机

易";兖州府郸城县的棉花棉布为"贾人转寮
江南";而去高唐、夏津、范县和恩县地区所
产优质棉花也被专称为"北花",常有"江淮
贾客到肆贵收",贩至江南。小说《金瓶梅》
第八十二回也说某年山东大早,"棉花不收,
棉布价一时踊贵",反映出山东各地棉花市场
的很多历史事实,棉布棉花已经是当地集市
上的大宗商品之一。山东与北直隶相比较产
棉量不相上下。前述各府县在征收棉花数量
上北直隶较多,而万历元年各省征棉总额中
山东为首,北直隶次之,又以山东棉质量为

上等。在北方植棉区的其他省份中只有河南省可与这两者相匹敌，而山西、陕西尽管植棉较早，却明显地落后于北直隶和山东。

　　明朝全国三大植棉区中最大的是北方植棉区，但北方只是产棉多，棉纺织业却赶不上江南地区发达，"北上广树艺而昧于织，南土精织纤而寡于艺，故棉则方舟而膏于南，布则方舟而蔫北"，南方的棉花纺织加工与北方的棉花生产有机地结合起来，就形成了明确的地域性分工。这是棉花在南北各地、特别是在北方大面积推广普及的反映。

　　值得注意的一点是，明代北方与棉花种

棉花植株

一望无际的棉田

植普遍推广同时出现的，是这一地区传统的桑蚕丝织业的明显衰落。宋朝时这一地区普遍养蚕植桑，各府州都贡纳绢帛，如前所述，明朝则在北方秋税征棉花、夏税征丝帛，而在江南地区无论夏秋都只征丝帛而不及棉花，与宋代的情形有很大的不同，也与元代只在南方各省设"木棉提举司"的情况完全不同。

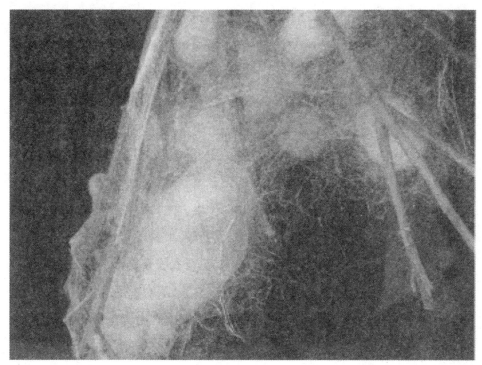

茧丝

在明代地方志中大都记有该地区历代的贡赋物品种类，从中我们也可以清楚地看到宋明间北方出现了"棉盛丝衰"的演变过程。以《嘉靖河间府志》所记载为例，宋代河间茧丝织红之所出贡丝；莫州、文安郡贡绵；沧州、景城郡贡大绢；壕州、高阳关贡绢；清州、乾宁军贡绢；景州、永宁军贡绢；明代贡毅麻、火麻。河间一带在宋时是丝织业的重要产区之一，所贡全是丝织品，到明代则棉、丝、麻三者同时贡奉，且以棉花棉布粗布、斜文布、平机布和无缝棉为主要品种。这一地区原来是著名的桑蚕之乡，到了明代普遍出现了桑蚕业衰退和棉织业兴起的现象，比如大名一带，本来土宜桑丝，到明朝却"树桑者什一而已，故织红不广，男女衣服多棉布，多麻帛"。北直隶的南宫县，明初成化时"亡不树桑饲蚕之家，阎阎之衣帛者皆自所缥织也"，到明代中叶嘉靖以后，是"木棉、梨枣之饶，作客转贩，岁入不货"了。一些督促植桑的法令也反映出桑蚕丝织业衰落的信息，在传统的丝织业生产中心的真定一带曾督令百姓种桑，"初年二百株，次年四百株、三年

针织品

蚕苗

六百株",达不到标准者全家都会被发配到云南充军。顺德(今邢台府)知府徐衍柞到任之初即劝谕农民栽种桑树,所讲内容全是重复元朝王祯《农书》中的有关内容,反映出此时此地百姓已不像以前那样热衷于植桑养蚕,并且对桑蚕技术已经不熟悉了。还有临城知县张清规定每人必须种桑十株,成化年间三河县知县吴贤"教民栽桑",督促绢织等等,都透露着同样的情况。明朝政府在各种丝织品产区设立的征收名牌绢帛的"织染局"几乎全部位于南方,北方仅有山西一处收购"潞细"而已,唐宋时期北方传统的丝织品此

马王堆出土文物

时已经排不上了。这主要不是北方丝织品的质量下降，而是已经很少继续出产或者不出了，不值得专门设局征收了。

（二）丝织业重心南移的内在原因分析

关于棉花种植技术的推广以及其对北方桑蚕丝织业的影响，有的学者附带着提到过，但是没有具体解释。要解释清楚棉花为什么能够在北方而不是在江南地区取代桑蚕丝织业，从而进一步揭示丝织业重心南移的原因，我们上面的解释仍然是不够的，还需要通过具体分析棉花种植织造技术相对于桑蚕丝织技术及麻织技术的特点，通过具体分析棉花和桑蚕各自与不同的地理条件相结合而形成的优越性来解释。

第一，从种植过程来看。桑树是多年生乔木，一经栽种可采摘数十年，棉花则是当年春种秋获，就只有几亩或几十亩土地的小农户来说，在以年为单位来筹划全家衣食住行所需而对土地进行合理安排时，桑树就显得不如棉花有灵活性。特别是从前述金朝规定的每户种桑数量及均田制时期的桑田数量来看，一般民户需要有二十亩桑田才能够用。

养蚕人家室内一角

按洪武植棉令规定的亩数可以知道每户种棉一亩左右即可，对缺少土地的农民来说，种棉无疑较植桑更适合他们经营与收获。桑蚕则兼有植物种植和动物饲养两种方式，而棉花是植物，与一般农作物的种植技术十分相近。桑树属果树类，比庄稼和一般树木容易出现病害等情况，特别是常见的"金桑"病一旦发生，不仅桑叶为蚕所不食用，连桑树也会枯死。养蚕的技术要求也很严格，成蛹后需日夜守候，最怕湿热与冷风，稍有不慎就会使整箔整箔的蚕蛹坏死。并且育蚕和采摘桑叶集中在同一时间，"浴蚕才罢喂蚕忙，

彩色蚕茧

朝暮蓬头去采桑"，忙且不说，无论哪一方面工作出现差错，都会立刻波及另一方。相比之下，棉花的种植技术则简单许多，谷雨前后播种，立秋之后收获，其间施肥、锄草、修整，与其他农作物相同，其管理过程风险也比植桑养蚕小很多，生产技术也十分容易掌握。更有利的是，棉花种植较早、收摘较迟，正好与其他农作物种植错开，"不夺于农时"。而养育晚蚕又值秋种，早蚕时恰值夏收，都是农忙季节。绢帛多为上层豪富所使用，普通民户常衣着麻布。用作衣料的麻类主要是亚麻布，亚麻同时又可以用来榨油，而榨过油的亚麻又不能再用来剥麻织布。再就是芝麻、兰麻难种难管理，尤其是对地力的耗损极大，据说与棉花相比，其耗损土地肥力的程度要高出十六倍左右。兰麻虽然是一年生作物，但一季种植则要数年之后才能恢复地力，并且不适宜再种粮食作物。而棉花种植前后休耕一季或半年就可继续种植其他任何农作物。棉花还可以棉与油二者兼得，其相对于麻类的优势也是十分明显的。

第二，从织造加工过程看。籽棉和蚕茧需要经过两三道工序才能够上机织造。茧子首先要缥丝，所成生丝经过碱洗（练丝去蚕胶后才成为可供织帛的熟丝），并且要在成茧后七天内缥洗完毕，很费工费时，其技术自先秦以来改进十分缓慢。棉花要经过轧花去棉籽、弹花使皮棉松软和纺纱线工序，最费工时的是去棉籽，当初靠碾棍挤压和手工剖剥时效率很低，元朝发明了木棉搅车，"比用碾轴工利数倍……去棉得籽，不致积滞"，这个问题就解决了。纺棉线技术比较简单，用秫秸秆"卷为筒，就在纺之，自然抽绪"成线，并且可以分散开来，趁夜晚或农闲来做，不像缥丝那样必须在七天内连续操作完成。麻成熟后，将麻秆割下浸在池塘中沤泡，使

江南地区蚕丝业发展比北方要迅速得多

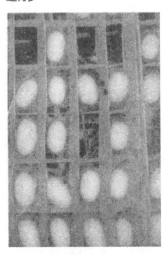

我国纺织业重心南移的原因

麻皮从杆匕脱落剥下后，再次沤泡或煮沸使之脱胶，待皮下纤维与表皮分离后，再用手工将一两尺长的麻纤维粘接起来，称为"绩麻"。沤麻脱胶必须在"夏至后二十日"内完成，不像棉花那样可在任意时间内弹轧纺线。并且，绩麻相较纺棉线费工费时，一个妇女每天可纺棉线半斤到一斤，而绩麻的速度直到明朝时仍然是"日以铢计"，效率十分低下。

少数民族针织品

虽然棉花与丝、麻的加工工序差不多，但从劳动强度和劳动量等方面来看，棉花的加工较丝麻均胜一筹，正如王祯所说，棉花与桑蚕及麻布相比"免绩辑之工，无采养之劳"，"可谓不麻而布，不茧而絮"，占有综合优势。

第三，是最主要的，从实际用途来看。棉布较绢帛粗糙，较麻布细致，却兼有麻布和绢帛的功用，在春夏秋三季可以与麻布、绢帛一样缝制单衣或夹衣。并且在冬季可用棉花"得御寒之益"，尤其"北方多寒，或茧纩不足，而裘褐之费，此最省便"，这种麻布和绢帛所不具备的御寒功用比遮体更为重要。在此之前的御寒衣服被褥，上层家庭多用野蚕茧絮及皮毛制的霖服裘衣、丝扩棉絮，平民百姓多用数层麻布加厚缝制的褐衣，或在麻布夹层中实以芦花、草絮之类。用棉花御

麻布质面料

寒，虽然较茧絮厚重，成本却低廉得多，芦花、草絮更是不可同日而语。到明代用作御寒的已经全部是棉花了，即使富豪人家衣着、被褥用绸缎，冬天也不再用丝纩茧絮而用棉花。在人人必用的御寒衣被范围内，棉花很快就把茧絮完全排挤出去了。随着棉布使用的推广，富豪人家的绢帛也部分地被棉布取代，一般平民的麻布同样渐渐地被棉布全部取代了。亚麻成了专供榨油的作物，麻类退出了

古代麻布衣

衣用领域，兰麻所产纤维主要用于制作粗糙的麻袋及麻绳之类，也可用于造纸。绢帛一直没有退出衣用领域，而是与棉布并驾齐驱，以其轻柔细软、色泽鲜亮等棉布无法比拟的优点继续受到人们的青睐。然而，丝绢越来越单纯地充作上层豪富权贵的衣料用品，并逐渐向工艺品方面转化，实际上已经退出了大众化的衣料市场。在用量最大的衣料产品市场中，自从把麻布排挤出去之后，棉布实

明代全国三大植棉区中最大的是北方植棉区

际上就作为普通大众的实用物品独占下来。

总之，从种植、加工和用途诸多方面来看，棉布棉花因其特殊的优越性在北方主要衣料用品领域中取代绢帛麻布是必然的。换句话说，一旦棉花种植技术推广到这一地区，就会导致桑蚕丝织业的衰败。但这个结论只适用于北方而不能向外延伸，因为我们同时也看到了一个正好与之相悖逆的历史事实，在江浙等地区，棉花的种植和棉纺织技术的推广比北方要早，并且是在桑蚕丝织业尚未长足发展的时候就已经推广开来，但却未能像在北方一样取代桑蚕丝织业，而是与之同步发展起来，使江浙一带成了棉织业和丝织业生产的重要地区。

看来，棉花棉布究竟能否取代桑蚕丝织业，以及能取代到何种程度，除了在种植、加工和用途诸方面的相对优势外，还受着自然条件的制约，存在着一个由不同的自然地

古代丝绸

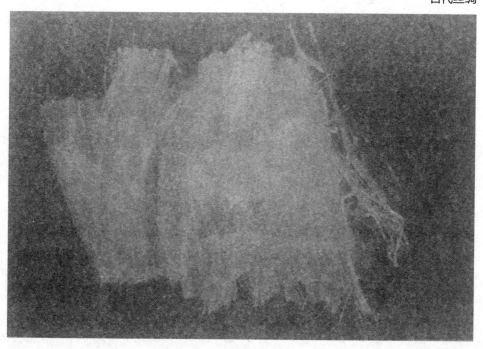

我国纺织业重心南移的原因

理环境所决定的不同效益的问题。棉花易于种植，正所谓"地无南北皆宜之"，江浙棉花由闽广北传而至，北方棉花由新疆东渐而来，广袤的农桑地区都适宜种植棉花。但桑树种植区域相对较窄，较桑蚕生产区域还要小些。棉花之所以在北方取代桑蚕业而在江浙则不然，从效益上来讲，关键就在于棉花在南北各地都是一熟，产量十分接近，丝帛桑蚕在南北的收获量则因年育蚕次数不同而差别很大，呈现出明显不同的经济效益。

刺绣

桑树主要有鲁桑和荆桑两大品种，江浙和北方都以种植较矮的鲁桑为主或用荆桑条枝嫁接，使树干能高些。但同一品种的桑树因土壤条件和南北气候的差异，收获量大不相同。在江浙地区，鲁桑每年可春秋两季连续采摘，经夏而不衰，实际从二三月到八九月都有桑叶可采，并且较北方所生桑叶叶肉厚而富有养分、叶片又大，因此江浙可养多化蚕，甚至达到"一年而八育"，在北方一直饲养先秦以来的"三眠蚕"的同时，江浙地区已经普遍饲养"四眠蚕"，蚕体增大，产丝量提高，丝织品的质量也较北方的好了。北方的京东是鲁桑的故乡，但受自然条件的限制，鲁桑在北方只能春天采摘一季，如果秋天采二季，则对桑树的生长和来年桑叶的收成有很大的影响。北宋雍熙时孔维上书"请禁原蚕"，即禁养二化晚蚕。同时的另一大臣乐史反对禁原蚕。显然，孔维主张禁养二化晚蚕是从生产技术的角度而言，乐史的反对则是从农民生活及社会安定的角度着想，出发点是不同的，但乐史也承认了养二化秋蚕是薄利的。北方地区的桑叶只能春天采摘一季，蚕也相应地只能一年一育，并且一直以养"三眠蚕"为主，比起江浙地区一年多育乃至八育的"四眠蚕"的丝帛质量和产量自然就差多了。

桑树

桑树

纺织机

　　既然棉花在江浙与北方地区产量和生长
情况大致相同，而丝帛产量在江浙大于北方，
比较效益的差距从丝帛产量上拉开了。就北
方而言，必然扬长避短，逐步用棉布棉花取
代桑蚕丝帛；就江浙而言，棉花和丝帛的收
益与其他地区相比都是很好的，不可能舍弃
任何一种，必然是两者同时并存，因此便形
成了这样一种发展趋势：棉花棉布在南北同
时普及，桑蚕丝织业南长北衰。结果便是丝
织业生产重心由北方转移到江南。如果按照
正常的历史进程来说，这个趋势成为事实应
该随着棉花的逐步推广而实现，特别在北方

纺织机

纺织品

古代纺织

刺绣品

地区，棉花要取代有着近两千年历史的传统的桑蚕丝帛，会受到观念的、自然的、习惯的乃至行政力量的阻挡，不可能进行得十分迅速。

然而，正是在棉花刚刚开始向北方推广的时候，这一地区由于经历了宋、辽、金、元间数百年来断断续续的战乱，桑蚕丝织业虽然不像人们想象的那样迅速衰落，毕竟也有一定程度的衰落，而桑蚕丝织业又并非是短时间内所能恢复的，这就给棉花在这一带的迅速推广提供了一个乘虚而入的良机。于

纺织机

是，在桑蚕丝织业没来得及从战乱衰落中恢复崛起之时，棉花便在这一地区普及开来，桑蚕丝织业就继续衰落下去。从全国桑蚕丝织业的产区变化上来看，重心也就从北方转移到了江南地区。可想而知，如果北方的桑蚕丝织业不因战乱等原因而衰落，棉花一旦推广开来也是要把丝织业排挤下去的，宋代的河南地区棉织业和丝织业在元明时期的兴衰就证明了这一点。如果没有棉花在北方的推广普及，桑蚕丝织业也将因战乱等原因而暂时衰落，战乱过后也会重新恢复起来，历经魏晋和北朝兵资之灾的河北地区丝织业在唐代的发展状况便是明证。

傣族织筒帕机

松江府花布

织成的布品

简而言之，纺织技术和棉花种植在北方的推广，才是丝织业生产重心南移的根本原因，开头所提到的战乱等因素所造成的北方丝织业的衰落，只是给棉花的推广提供了便利条件，客观上加速了丝织业重心南移的进程。

五、古代纺织的地位

古今纺织设备和工艺流程的发展都是因为应用纺织原料而设计的，因此，原料在纺织技术中占有十分重要的地位。古代世界各国用于纺织的纤维均是天然纤维，一般是麻、毛、棉三种短纤维，例如印度半岛地区以前则用棉花；地中海地区以前用于纺织的纤维仅是亚麻和羊毛；古代中国除了使用这三种纤维外，还大量使用长纤维——蚕丝。蚕丝在所有天然纤维中是最长、最优良、最纤细的纺织原料，可以织出各种复杂的花纹提花织物。丝纤维的广泛利用，极大地促进了中国古代纺织机械和纺织工艺的进步，从而形

民族纺织机

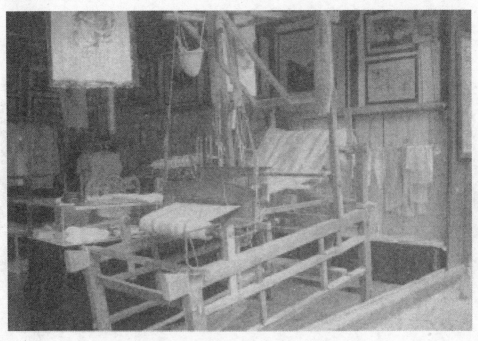

古代纺织

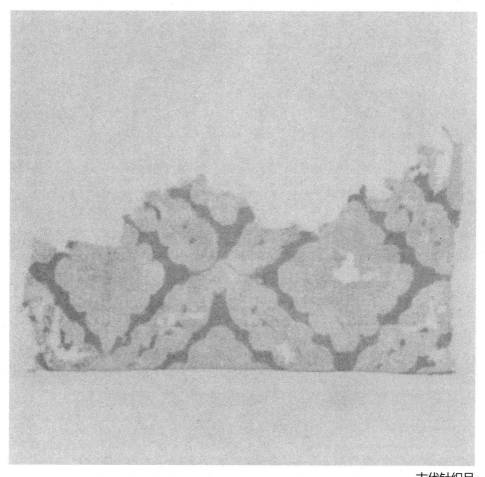

古代针织品

成了以丝织生产技术为主的最具特色和代表性的纺织技术。

　　中国的纺织，历史悠久，闻名于世。远在六七千年前，人们就懂得用麻、葛纤维为原料进行纺织，公元前16世纪（殷商时期），产生了织花工艺和"辫子股绣"，公元前2世纪（西汉）以后，随着提花机的发明，纺、

部分少数民族仍使用纺织刺绣机

绣技术迅速提高，不但能织出薄如蝉翼的罗纱，还能织出构图千变万化的锦缎，使中国在世界上享有"东方丝国"之称，对世界文明产生过相当深远的影响，是世界珍贵的科学文化遗产的重要组成部分。同时，我国古代纺织有着与西方国家不同的技术，总结这些经验，继承和发扬这种创造精神，对我国纺织工业现代化将有着积极的作用。